www.ingramcontent.com/pod-product-compliance
Lightning Source LLC
Chambersburg PA
CBHW080932170526
45158CB00008B/2254
9781073392667